Addieren und subtrahieren bis 100

1 Rechne die Aufgaben: zuerst die linke Spalte und dann die rechte Spalte. Verbinde die Punkte in der Reihenfolge der Ergebnisse.

a)		b)	
	81 + 6 = ____		35 − 4 = ____
	96 − 3 = ____		38 + 6 = ____
	47 + 2 = ____		91 − 3 = ____
	37 − 5 = ____		57 + 6 = ____
	24 + 4 = ____		26 − 9 = ____

Lösungen

1 a) 81 + 6 = 87

96 − 3 = 93

47 + 2 = 49

37 − 5 = 32

24 + 4 = 28

b) 35 − 4 = 31

38 + 6 = 44

91 − 3 = 88

57 + 6 = 63

26 − 9 = 17

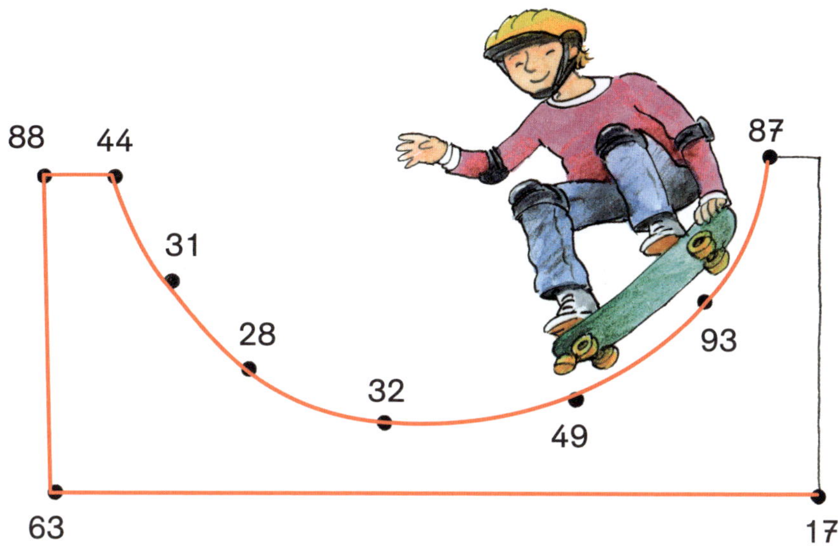

Addieren und subtrahieren bis 100

1 Addiere und subtrahiere.

a) 43 + 15 = ____

34 + 17 = ____

32 + 28 = ____

45 + 29 = ____

b) 90 – 27 = ____

62 – 28 = ____

35 – 25 = ____

72 – 36 = ____

2 Löse die Zahlenrätsel. Schreibe die gesuchte Zahl auf das Schild.

a)
Meine Zahl ist um 32 kleiner als 68.

____

b)
Wenn du zu meiner Zahl 19 addierst, erhältst du 70.

____

c)
Meine Zahl erhältst du, wenn du die Zahlen 45 und 36 addierst.

____

Lösungen

1 a) $43 + 15 = 58$

$34 + 17 = 51$

$32 + 28 = 60$

$45 + 29 = 74$

b) $90 - 27 = 63$

$62 - 28 = 34$

$35 - 25 = 10$

$72 - 36 = 36$

2 a) $68 - 32 = 36$

b) ____ $+ 19 = 70$, $70 - 19 = 51$

c) $45 + 36 = 81$

Einmaleins bis 100

1 Ergänze die fehlenden Zahlen.

a)

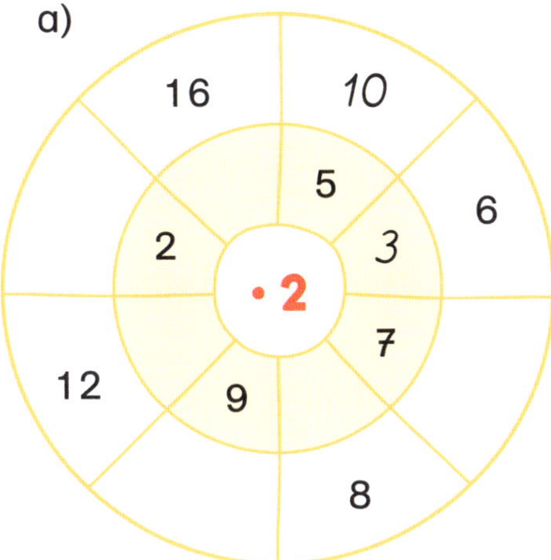

b)

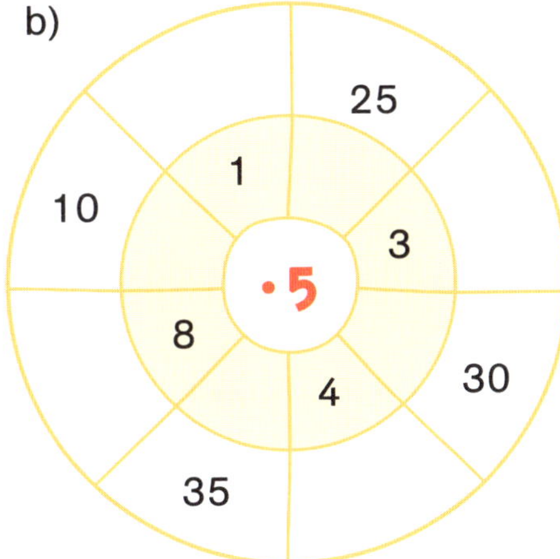

c)

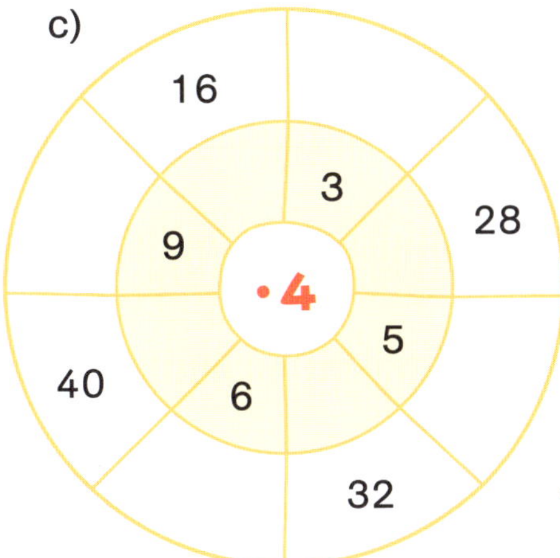

Lösungen

1 a)

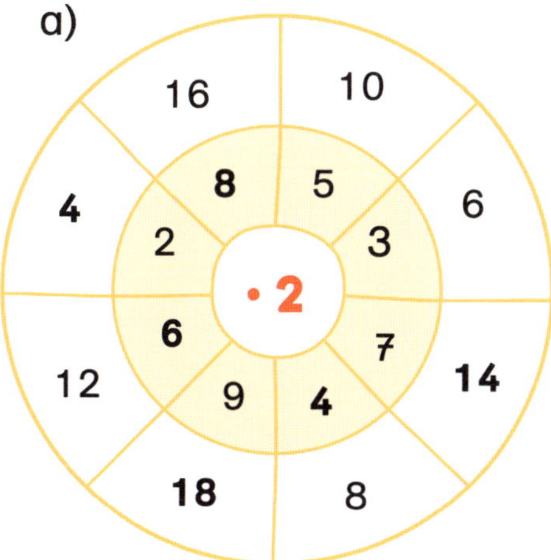

b)

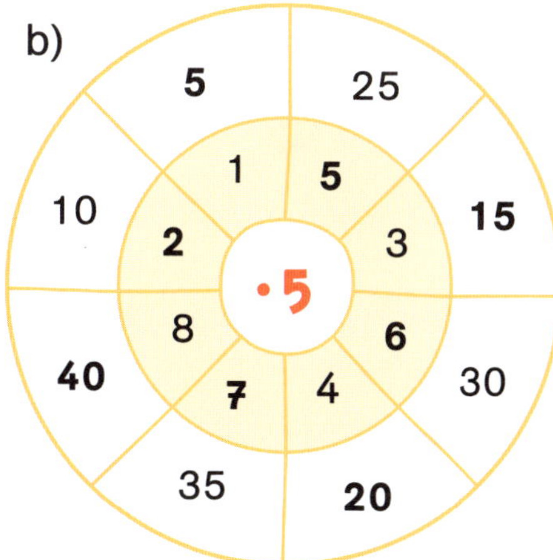

c)

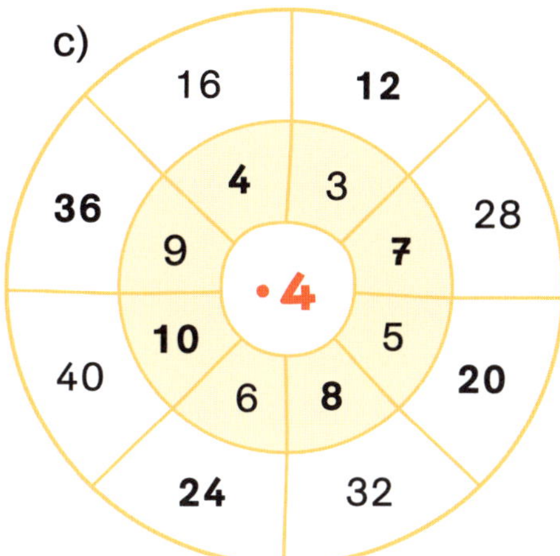

Einmaleins bis 100

1 Streiche alle Zahlen durch, die nicht zur Einmaleinsreihe gehören.

a) Einmaleins mit 3:

17 27

21 12 3

9 25

6

b) Einmaleins mit 6:

12 48

18

36 54

25 30 40

c) Einmaleins mit 8:

8

56

15 48 64

32 73

24

Lösungen

1

a)

~~17~~ 27
21 12 3
~~25~~
6 9

b)

12 48
18
36 54
~~25~~ 30 ~~40~~

c)

8 56
~~15~~ 48 64
24 32 ~~73~~

Einmaleins bis 100

1 Finde die Tausch- und Umkehraufgaben.

a) 4 · 7 = 28 28 : 7 = ____

↙↘ U ↔

7 · 4 = ____ ____ : ____ = ____

b) 5 · 7 = ____ ____ : ____ = ____

↙↘ U ↔

____ · ____ = ____ ____ : ____ = ____

c) 3 · 9 = ____ ____ : ____ = ____

↙↘ U ↔

____ · ____ = ____ ____ : ____ = ____

Lösungen

1

a)

$4 \cdot 7 = 28$ $\quad$ $28 : 7 = 4$

U

$7 \cdot 4 = 28$ $\quad$ $28 : 4 = 7$

b)

$5 \cdot 7 = 35$ $\quad$ $35 : 7 = 5$

U

$7 \cdot 5 = 35$ $\quad$ $35 : 5 = 7$

c)

$3 \cdot 9 = 27$ $\quad$ $27 : 9 = 3$

U

$9 \cdot 3 = 27$ $\quad$ $27 : 3 = 9$

Dividieren mit Rest

1 Bündele die Gummibärchen und rechne aus.

a)

19 : 4 = ____ R ____

b)

16 : 5 = ____ R ____

2 In welche Schale gehören die Bonbons? Male sie richtig an.

Lösungen

1 a)

19 : 4 = 4 R 3

b)

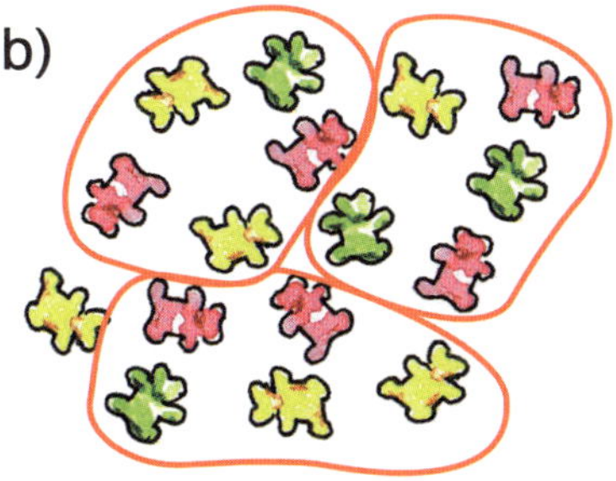

16 : 5 = 3 R 1

2

Zahlen bis 1000

1 Schreibe als Zahl auf.

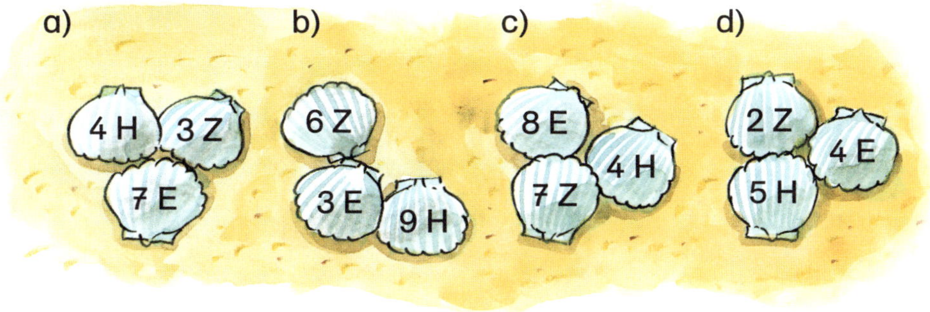

↓ ______ ↓ ______ ↓ ______ ↓ ______

2 Löse die Zahlenrätsel.

a)

Meine Zahl hat
3 Einer und doppelt so
viele Hunderter.

b)

Meine Zahl liegt
zwischen 400 und 500
und hat an jeder Stelle
die gleiche Ziffer.

Lösungen

1 a) 437 b) 963 c) 478 d) 524

2 a)

603

b)

444

Zahlen bis 1000: Zahlenstrahl

1 Sieh dir den Zahlenstrahl genau an und trage die Zahlen in die Lampions ein.

a)

b)

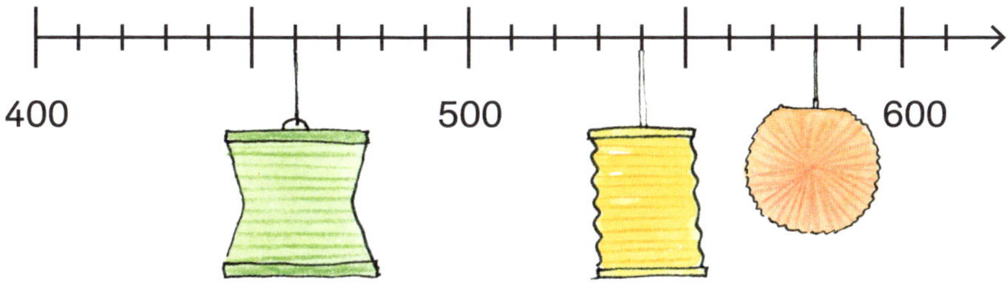

2 Verbinde jede Zahl mit ihrem Platz auf dem Zahlenstrahl.

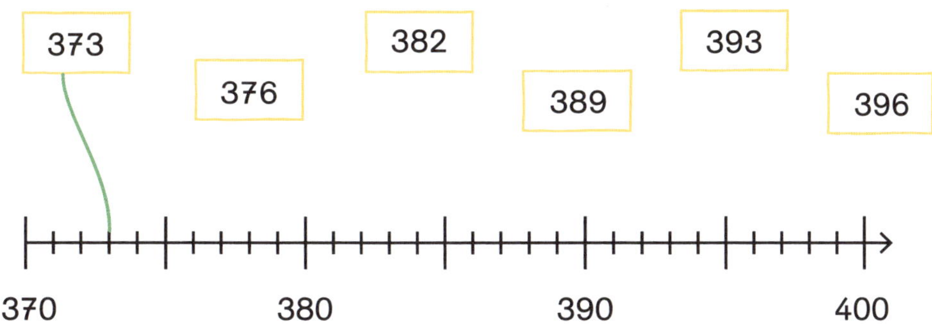

Lösungen

1 a)

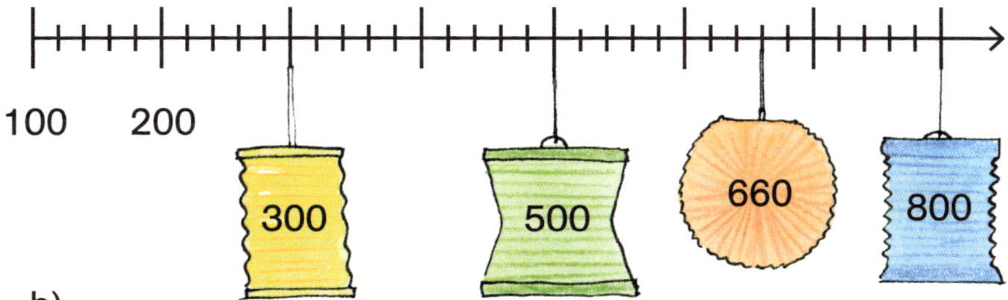

b)

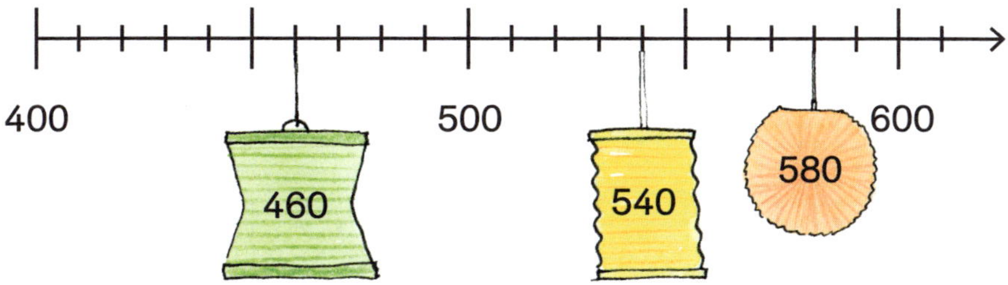

2

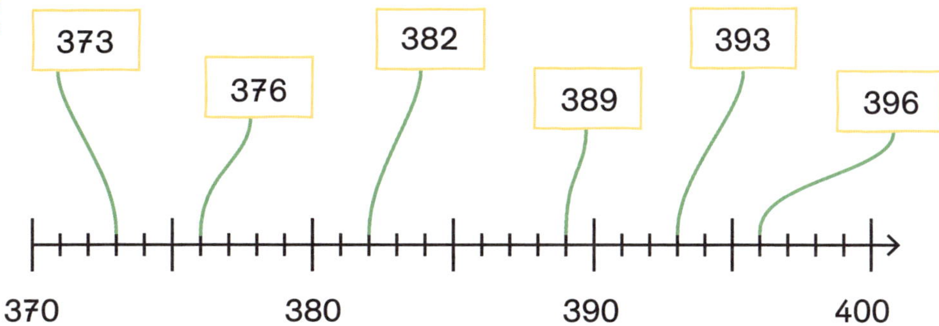

Zahlen bis 1 000 ordnen, Nachbarzahlen

1 Ordne die Zahlen der Größe nach.

a)

~~35~~
306
157
968
845

35
_____
_____
_____
_____

b)

327
237
732
372
273

_____
_____
_____
_____
_____

2 Fülle die Tabelle richtig aus.

Nachbar-hunderter	Nachbar-zehner	Zahl	Nachbar-zehner	Nachbar-hunderter
		487		
		658		
		571		
		900		
		299		

Lösungen

1 a) 35 | b) 237

a)	b)
35	237
157	273
306	327
845	372
968	732

2

Nachbar-hunderter	Nachbar-zehner	Zahl	Nachbar-zehner	Nachbar-hunderter
400	480	487	490	500
600	650	658	660	700
500	570	571	580	600
800	890	900	910	1000
200	290	299	300	400

Zahlenfolgen

1 Welche Zahlen fehlen? Setze die Zahlenfolgen fort.

a) 50 – 100 – 150 – ___ – ___

b) 820 – 810 – 800 – ___ – ___

c) 428 – 433 – 438 – ___ – ___

d) ___ – ___ – 570 – 590 – 610

2 Führe die Reihen fort.

a) +10, −4, ___, ___

104 ___ ___ ___ ___

b) −50, +10, ___, ___

450 ___ ___ ___ ___

c) ___, ___, −1, +2

___ ___ ___ ___ 610

Lösungen

1

a) 50 — 100 — 150 — **200** — **250**

b) 820 — 810 — 800 — **790** — **780**

c) 428 — 433 — 438 — **443** — **448**

d) **530** — **550** — 570 — 590 — 610

2

a) +10, −4, **+10**, **−4**

104 **114** **110** **120** **116**

b) −50, +10, **−50**, **+10**

450 **400** **410** **360** **370**

c) **−1**, **+2**, −1, +2

608 **607** **609** **608** 610

Mit Hunderterzahlen rechnen

1 Setze das passende Zeichen ein: **<**, **>** oder **=**.

a) 400 + 200 ◯ 700
100 + 500 ◯ 400

b) 600 – 300 ◯ 300
800 – 200 ◯ 400

c) 300 + 200 ◯ 800 – 200
900 – 300 ◯ 300 + 300

2 In welchen Becher gehören die Stifte? Male sie in der entsprechenden Farbe an.

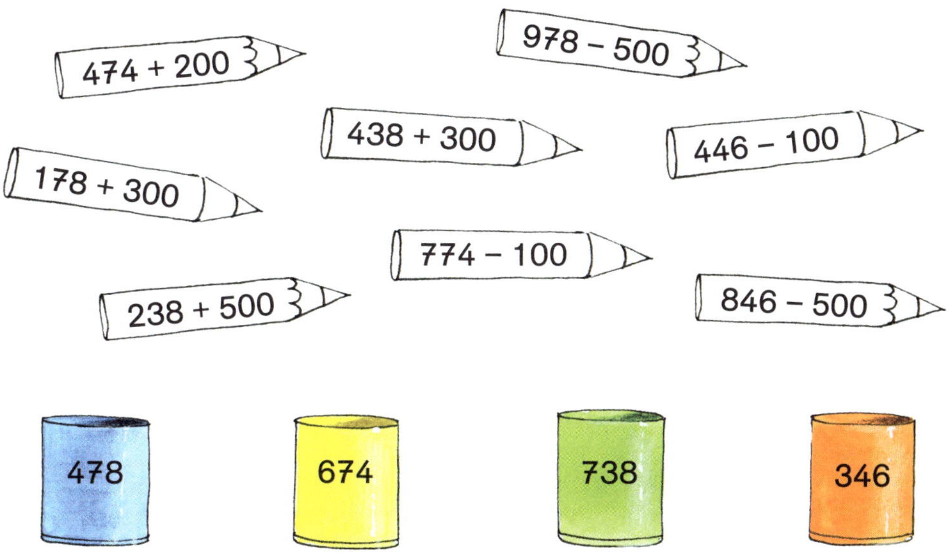

Lösungen

1

a) 400 + 200 (<) 700

100 + 500 (>) 400

b) 600 – 300 (=) 300

800 – 200 (>) 400

c) 300 + 200 (<) 800 – 200

900 – 300 (=) 300 + 300

2

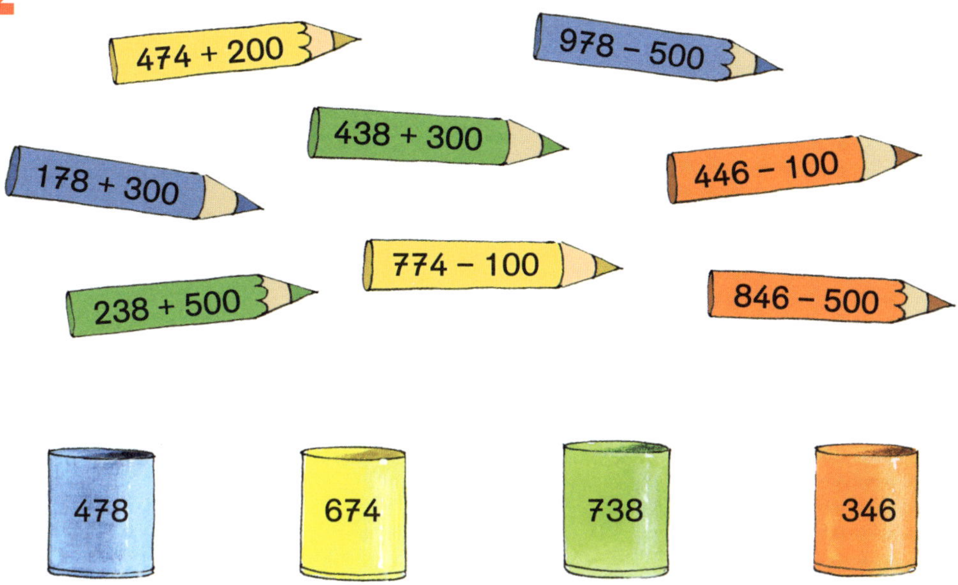

Kopfrechnen bis 1000

1 Rechne aus. Achte darauf, wie sich die Aufgaben verändern.

a)

+ 3	
14	
114	
214	
264	
534	

b)

+ 6	
26	
326	
346	
716	
286	

c)

− 4	
39	
339	
379	
629	
999	

d)

− 7	
75	
475	
425	
835	
695	

Lösungen

1

a)

+ 3	
14	17
114	117
214	217
264	267
534	537

b)

+ 6	
26	32
326	332
346	352
716	722
286	292

c)

− 4	
39	35
339	335
379	375
629	625
999	995

d)

− 7	
75	68
475	468
425	418
835	828
695	688

Kopfrechnen bis 1000

1 Rechne diese Zehneraufgaben aus.

a) 350 + 240 = ____

220 + 560 = ____

190 + 250 = ____

b) 780 − 140 = ____

940 − 320 = ____

500 − 170 = ____

2 Trage die richtigen Ergebnisse in die Drachenmauern ein.

Lösungen

1

a) 350 + 240 = 590

220 + 560 = 780

190 + 250 = 440

b) 780 − 140 = 640

940 − 320 = 620

500 − 170 = 330

2

Runden und überschlagen

1 Runde auf volle Eurobeträge und mache eine Überschlagsrechnung. Reicht das Geld? Kreuze an.

a) Marie hat einen 20-Euro-Schein dabei.

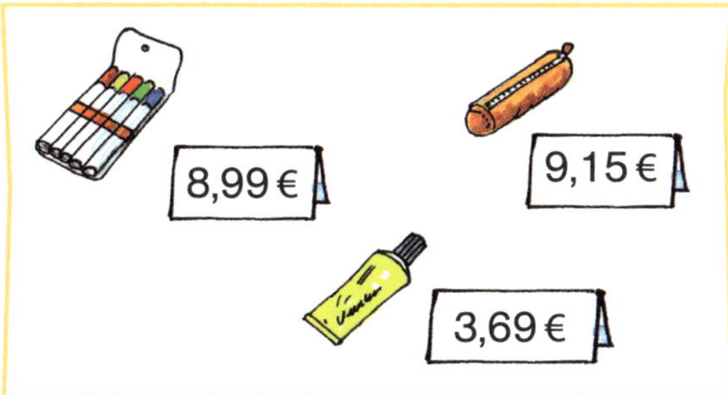

☐ Es reicht.

☐ Es reicht nicht.

Ü: ____ € + ____ € + ____ € = ____ €

b) Elias hat einen 50-Euro-Schein dabei.

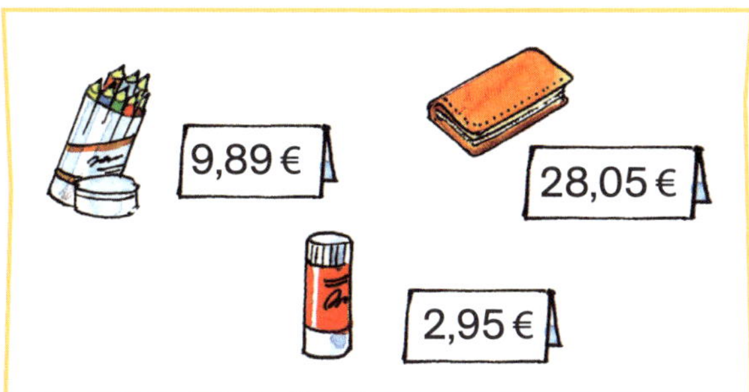

☐ Es reicht.

☐ Es reicht nicht.

Ü: ____ € + ____ € + ____ € = ____ €

Lösungen

1

a) Ü: 9 € + 9 € + 4 € = 22 €

Es reicht nicht.

b) Ü: 10 € + 28 € + 3 € = 41 €

Es reicht.

Halbschriftlich addieren und subtrahieren

1 Rechne halbschriftlich mit deinem eigenen Rechenweg.
Male die Luftballons mit den Ergebniszahlen grün an.
Den übrigen Luftballon malst du gelb an.

a)

	6	3	7	+	2	8	4	=				
				+				=				
				+				=				
				+				=				
				+				=				

b)

	2	9	5	+	5	6	4	=				
				+				=				
				+				=				
				+				=				
				+				=				

c)

	8	4	3	−	5	8	2	=				
				−				=				
				−				=				
				−				=				
				−				=				

Lösungen

1 Dein Rechenweg kann auch ein anderer sein!

a)

6	3	7	+	2	8	4	=			
6	0	0	+	2	0	0	=	8	0	0
	3	0	+		8	0	=	1	1	0
		7	+			4	=		1	1
6	3	7	+	2	8	4	=	9	2	1

b)

2	9	5	+	5	6	4	=			
2	0	0	+	5	0	0	=	7	0	0
	9	0	+		6	0	=	1	5	0
		5	+			4	=			9
2	9	5	+	5	6	4	=	8	5	9

c)

8	4	3	−	5	8	2	=			
8	4	3	−	5	0	0	=	3	4	3
3	4	3	−		8	0	=	2	6	3
2	6	3	−			2	=	2	6	1
8	4	3		5	8	2	=	2	6	1

Halbschriftlich addieren und subtrahieren

1 Lies und rechne halbschriftlich aus.

Am Samstag waren 536 Personen im Schwimmbad.
Am Sonntag waren es 184 weniger.

F: Wie viele Personen waren es am Sonntag?

R:

A:

Lösungen

1 R:

$536 - 184 =$

$536 - 100 = 436$

$436 - 80 = 356$

$356 - 4 = 352$

$536 - 184 = 352$

A: Am Sonntag waren es 352 Personen.

Rechnen mit Längen

1 Ordne die Längen von kurz nach lang.
Trage dann die Lösungsbuchstaben unten ein.

300 km **L** 20 mm **I** 15 cm **N**

1,5 cm **L** 200 m **E** 2 km **A**

_____ < _____ < _____ < _____ < _____ < _____

Lösungswort: | | | | | | |

!
1 m = 100 cm
1 cm = 10 mm

2 Schreibe mit Komma.

a) 2 m 39 cm = _____ m

5 m 42 cm = _____ m

70 cm = _____ m

6 m 5 cm = _____ m

b) 4 cm 3 mm = _____ cm

8 mm = _____ cm

1 cm 9 mm = _____ cm

7 mm = _____ cm

Lösungen

1 1,5 cm < 20 mm < 15 cm < 200 m < 2 km < 300 km

Lösungswort: LINEAL

2

a) 2 m 39 cm = 2,39 m

5 m 42 cm = 5,42 m

70 cm = 0,70 m

6 m 5 cm = 6,05 m

b) 4 cm 3 mm = 4,3 cm

8 mm = 0,8 cm

1 cm 9 mm = 1,9 cm

7 mm = 0,7 cm

Rechnen mit Längen

1 Sieh dir die Entfernungstabelle an.
Berechne dann die Gesamtstrecken.

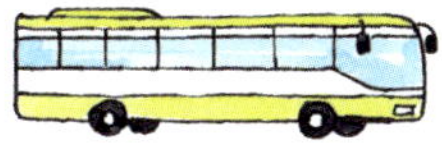

	Berlin	Bremen	Dresden	Frankfurt	München
Berlin	–	375 km	214 km	564 km	596 km
Bremen	375 km	–	478 km	450 km	766 km
Dresden	214 km	478 km	–	485 km	496 km
Frankfurt	564 km	450 km	485 km	–	412 km
München	596 km	766 km	496 km	412 km	–

München → Dresden → Berlin:

496 km +

Bremen → Frankfurt → Dresden:

Berlin → Bremen → Frankfurt:

Frankfurt → Berlin → Dresden:

Lösungen

1 München → Dresden → Berlin:

496 km + 214 km = 710 km

Bremen → Frankfurt → Dresden:

450 km + 485 km = 935 km

Berlin → Bremen → Frankfurt:

375 km + 450 km = 825 km

Frankfurt → Berlin → Dresden:

564 km + 214 km = 778 km

Schriftlich addieren ohne Übertrag

1 Addiere schriftlich.

a)

	H	Z	E
	4	3	7
+	5	1	2

b)

	H	Z	E
	2	4	3
+	1	4	6

c)

	H	Z	E
	3	0	8
+	6	8	1

d)

	H	Z	E
	5	7	6
+	1	0	2

2 Immer zwei Fische haben die gleiche Farbe. Schreibe ihre Zahlen genau untereinander und addiere schriftlich.

lila: orange: blau:

Lösungen

1

a)

	H	Z	E
	4	3	7
+	5	1	2
	9	4	9

b)

	H	Z	E
	2	4	3
+	1	4	6
	3	8	9

c)

	H	Z	E
	3	0	8
+	6	8	1
	9	8	9

d)

	H	Z	E
	5	7	6
+	1	0	2
	6	7	8

2

lila:

	7	3	0
+	1	5	9
	8	8	9

orange:

	4	4	1
+	4	0	6
	8	4	7

blau:

	3	1	5
+	6	7	4
	9	8	9

Schriftlich addieren mit Übertrag

1 Addiere schriftlich.

a)

	H	Z	E
	2	6	7
+	5	1	8

b)

	H	Z	E
	5	9	2
+	3	5	4

c)

	H	Z	E
	4	5	8
+	2	5	7

d)

	H	Z	E
	2	6	3
+	6	3	7

2 Addiere immer die beiden Zahlen auf den Säckchen.
Zwei Säckchen haben das gleiche Ergebnis. Verbinde sie.

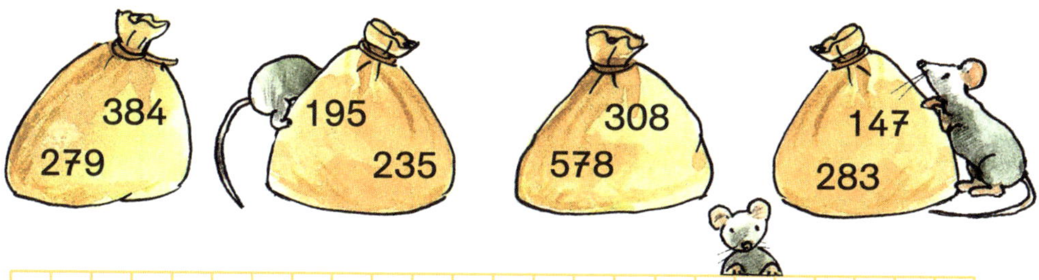

Lösungen

1

a)

	H	Z	E
	2	6	7
+	5	1	8
		1	
	7	8	5

b)

	H	Z	E
	5	9	2
+	3	5	4
	1		
	9	4	6

c)

	H	Z	E
	4	5	8
+	2	5	7
	1	1	
	7	1	5

d)

	H	Z	E
	2	6	3
+	6	3	7
	1	1	
	9	0	0

2

	3	8	4
+	2	7	9
	1	1	
	6	6	3

	1	9	5
+	2	3	5
	1	1	
	4	3	0

	3	0	8
+	5	7	8
		1	
	8	8	6

	1	4	7
+	2	8	3
	1	1	
	4	3	0

Schriftlich subtrahieren ohne Übertrag

1 Subtrahiere schriftlich.

a)

	H	Z	E
	8	5	6
−	6	4	3

b)

	H	Z	E
	4	3	5
−	3	2	1

c)

	H	Z	E
	2	9	7
−	1	4	2

d)

	H	Z	E
	9	3	8
−	9	0	6

e)

	H	Z	E
	8	1	2
−	7	1	1

2 Fülle die Lücken.

a)

	6		3
−		2	
	4	6	1

b)

	4	8	7
−	2		
		3	3

c)

			6
−	3	5	4
	1	3	

Lösungen

1

a)

	H	Z	E
	8	5	6
−	6	4	3
	2	1	3

b)

	H	Z	E
	4	3	5
−	3	2	1
	1	1	4

c)

	H	Z	E
	2	9	7
−	1	4	2
	1	5	5

d)

	H	Z	E
	9	3	8
−	9	0	6
		3	2

e)

	H	Z	E
	8	1	2
−	7	1	1
	1	0	1

2

a)

	6	8	3
−	2	2	2
	4	6	1

b)

	4	8	7
−	2	5	4
	2	3	3

c)

	4	8	6
−	3	5	4
	1	3	2

Schriftlich subtrahieren mit Übertrag

1 Subtrahiere schriftlich.

a)
```
  548
- 164
-----
```

b)
```
  291
-  98
-----
```

c)
```
  768
- 389
-----
```

d)
```
  325
- 178
-----
```

2 Bilde immer aus zwei gleichfarbigen Eimern eine Minusaufgabe. Rechne schriftlich.

rot:

grün:

gelb:

Lösungen

1 Beim schriftlichen Subtrahieren gibt es immer drei verschiedene Lösungswege. Vergleiche deine Rechnung mit dem Lösungsweg, den du aus deiner Schule kennst.

a)

(4 14)
548
− 164
384

oder

548
− 164
384

oder

548
− 164
(1)
384

b)

(1 18/8 11)
291
− 98
193

oder

291
− 98
193

oder

291
− 98
(1 1)
193

c)

(6 15/5 18)
768
− 389
379

oder

768
− 389
379

oder

768
− 389
(1 1)
379

d)

(2 11/1 15)
325
− 178
147

oder

325
− 178
147

oder

325
− 178
(1 1)
147

2 rot:

(1 14)
624
− 417
207

oder

624
− 417
207

oder

624
− 417
(1)
207

grün:

(8 13)
932
− 552
380

oder

932
− 552
380

oder

932
− 552
(1)
380

gelb:

(4 10/0 13)
513
− 297
216

oder

513
− 297
216

oder

513
− 297
(1 1)
216

Schriftlich addieren und subtrahieren

1 Löse zuerst die Delfinaufgabe. Das Ergebnis ist die Startzahl der nächsten Aufgabe. Welche Aufgabe ist die letzte? Trage das Lösungstier unten ein.

	5	3	8
−	2	5	6

	7	2	9
−	4	0	3

	5	9	9
−	4	7	4

	5	8	1
+	1	4	8

	1	2	5
+	4	5	6

	2	8	2
+	3	1	7

Das Lösungstier ist ein ________________ .

Lösungen

1

 282

 326

 125

 729

 581

 599

Das Lösungstier ist ein Affe.

Rechnen mit Geld

1 Male gleiche Beträge mit derselben Farbe an.

0,26 €	1 € 6 ct	6,21 €	621 ct
26 ct	1 € 62 ct	1,62 €	1,06 €

2 Sieh dir den neuen und den alten Preis an. Wie viel spart der Käufer? Rechne schriftlich.

~~39,75 €~~

28,69 €

~~85,97 €~~

79,50 €

~~24,60 €~~

18,79 €

Lösungen

1

0,26 €	=	26 ct
1€ 6 ct	=	1,06 €
6,21 €	=	621 ct
1€ 62 ct	=	1,62€

2

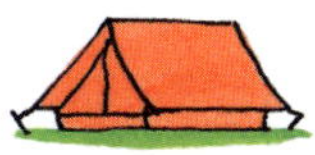

39,75 € − 28,69 € = 11,06 €	85,97 € − 79,50 € = 6,47 €	24,60 € − 18,79 € = 5,81 €
oder	oder	oder
39,75 € − 28,69 € = 11,06 €	85,97 € − 79,50 € = 6,47 €	24,60 € − 18,79 € = 5,81 €
oder	oder	oder
39,75 € − 28,69 € = 11,06 €	85,97 € − 79,50 € = 6,47 €	24,60 € − 18,79 € = 5,81 €

Rechnen mit Geld

1 Löse die Textaufgabe.

Felix kauft sich eine Taucherbrille für 9,80 €, einen Schnorchel für 3,50 € und Flossen für 15,00 €. Er bezahlt mit einem 50-Euro-Schein.

F: Wie viel Geld bekommt er zurück?

R:

A:

Lösungen

1

R:

	9,80 €
+	3,50 €
+	15,00 €
	(Übertrag: 1 1)
	28,30 €

	(4 9 10) ~~5~~ ~~0~~,00 €
−	28,30 €
	21,70 €

oder

	50,00 €
−	28,30 €
	21,70 €

oder

	50,00 €
−	28,30 €
	(Übertrag: 1 1)
	21,70 €

A: Felix bekommt 21,70 € zurück.

Rechnen mit Gewichten

1 Ergänze.

a) 500 g + ________ = 1 kg

b) 340 g + ________ = 1 kg

c) ________ + 99 g = 1 kg

d) 3 kg 700 g + ____________ = 10 kg

e) ____________ + 4 kg 580 g = 8 kg

2 Ordne die Gewichte. Beginne bei dem leichtesten Gewicht.

4 g   1 000 g   404 g

440 kg   4 kg

________ < ________ < ________ < ________ < ________

Lösungen

1

a) 500 g + **500 g** = 1 kg

b) 340 g + **660 g** = 1 kg

c) **901 g** + 99 g = 1 kg

d) 3 kg 700 g + **6 kg 300 g** = 10 kg

e) **3 kg 420 g** + 4 kg 580 g = 8 kg

2 4 g < 404 g < 1000 g < 4 kg < 440 kg

Rechnen mit Gewichten

1 Wie viel wiegen die Einkäufe? Addiere im Kopf.

a)

100 g

600 g

1 kg

____ kg ______ g

b)

2 kg

450 g

250 g

____ kg ______ g

c)

2,5 kg

100 g

1 kg

____ kg ______ g

d)

1 kg

700 g

2 · 50 g

____ kg ______ g

Lösungen

1

a) 1 kg 700 g

b) 2 kg 700 g

c) 3 kg 600 g

d) 1 kg 800 g

Einmaleins bis 100

1 Ergänze die fehlenden Zahlen.

a)

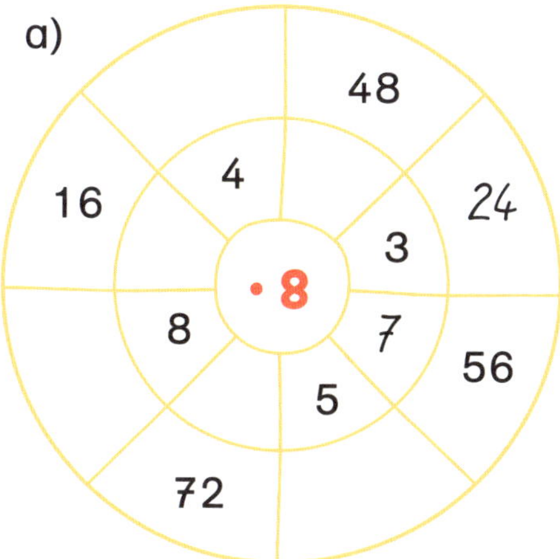

b)

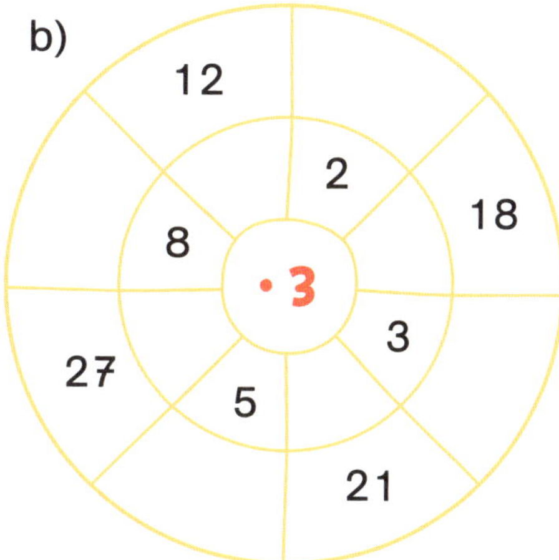

c)

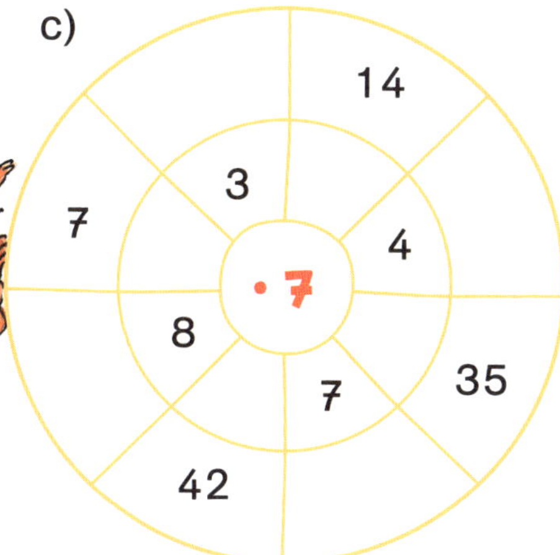

Lösungen

1

a)

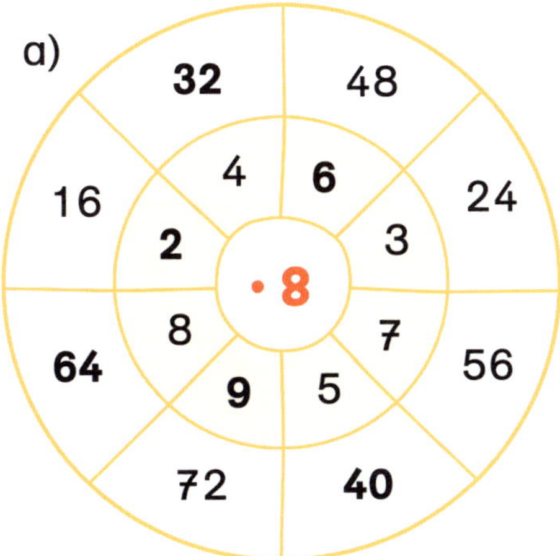

b)

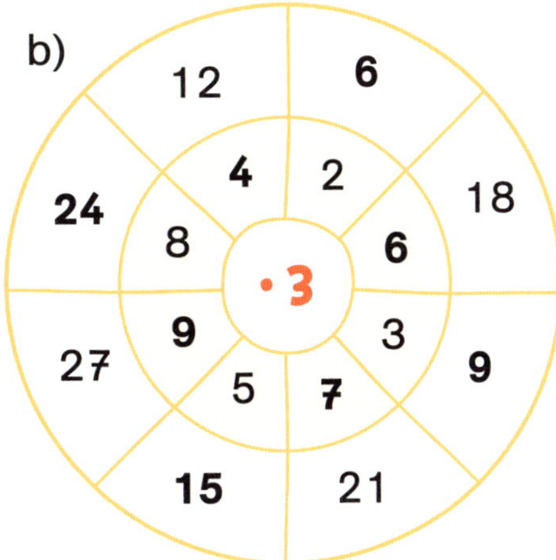

c)

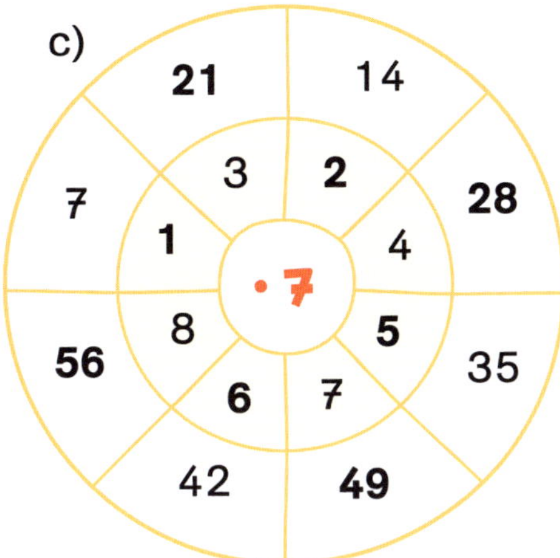

Multiplizieren mit Zehner- und Hunderterzahlen

1 Rechne die Aufgaben: zuerst die linke Spalte und dann die rechte Spalte. Verbinde die Punkte in der Reihenfolge der Ergebnisse.

a)		b)	
$6 \cdot 40 =$	______	$6 \cdot 80 =$	______
$5 \cdot 90 =$	______	$9 \cdot 90 =$	______
$3 \cdot 70 =$	______	$10 \cdot 100 =$	______
$4 \cdot 80 =$	______	$4 \cdot 50 =$	______
$2 \cdot 70 =$	______	$7 \cdot 40 =$	______
$6 \cdot 60 =$	______	$7 \cdot 70 =$	______

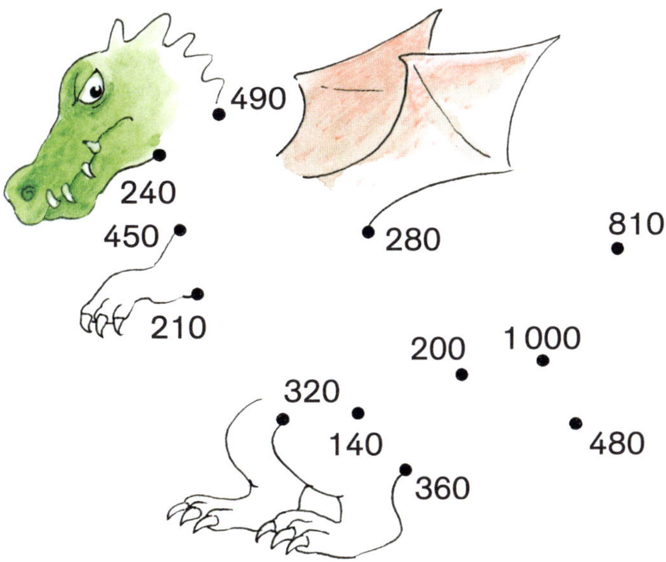

Lösungen

1

a) $6 \cdot 40 = 240$

$5 \cdot 90 = 450$

$3 \cdot 70 = 210$

$4 \cdot 80 = 320$

$2 \cdot 70 = 140$

$6 \cdot 60 = 360$

b) $6 \cdot 80 = 480$

$9 \cdot 90 = 810$

$10 \cdot 100 = 1000$

$4 \cdot 50 = 200$

$7 \cdot 40 = 280$

$7 \cdot 70 = 490$

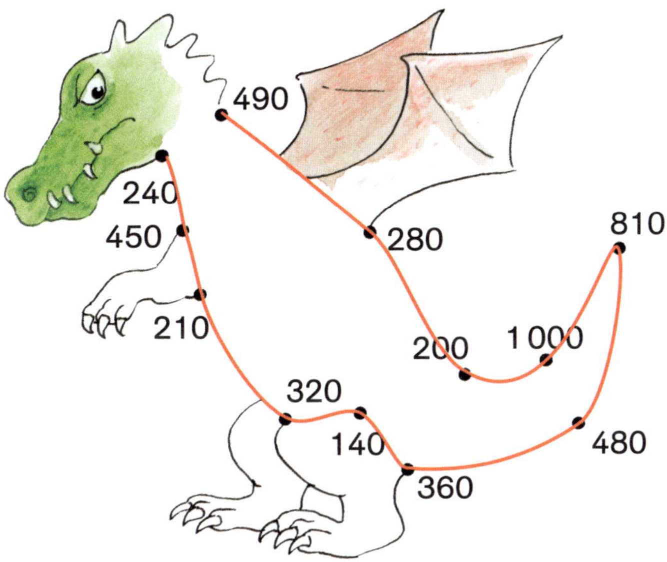

Halbschriftlich multiplizieren

1 Multipliziere halbschriftlich.

a)

3	6	·	5	=	
3	0	·	5	=	
	6	·	5	=	
3	6	·	5	=	

b)

8	1	·	4	=	
		·	4	=	
		·	4	=	
8	1	·	4	=	

c)

4	7	·	6	=	
4	7	·	6	=	

2 Verkürze die Schreibweise und rechne im Kopf.

a) 4 · 58 = 200 + 32 = ________

b) 2 · 87 = ________

c) 9 · 41 = ________

d) 3 · 62 = ________

Lösungen

1

a)

$36 \cdot 5 =$

$30 \cdot 5 = 150$

$6 \cdot 5 = 30$

$36 \cdot 5 = 180$

b)

$81 \cdot 4 =$

$80 \cdot 4 = 320$

$1 \cdot 4 = 4$

$81 \cdot 4 = 324$

c)

$47 \cdot 6 =$

$40 \cdot 6 = 240$

$7 \cdot 6 = 42$

$47 \cdot 6 = 282$

2

a) $4 \cdot 58 = 200 + 32 = 232$

b) $2 \cdot 87 = 160 + 14 = 174$

c) $9 \cdot 41 = 360 + 9 = 369$

d) $3 \cdot 62 = 180 + 6 = 186$

Halbschriftlich multiplizieren

1 Multipliziere zuerst die Zehner, dann die Einer. Schreibe die Zwischenergebnisse auf. Du erhältst das Lösungswort, wenn du die Ergebnisse von klein nach groß ordnest.

a) 27 · 6 = 120 + 42 = 162 **S**

b) 9 · 36 = ______ **R**

c) 5 · 71 = ______ **T**

d) 3 · 92 = ______ **E**

e) 4 · 68 = ______ **P**

f) 7 · 48 = ______ **U**

g) 84 · 3 = ______ **U**

h) 37 · 9 = ______ **G**

Lösungswort:

162							
S							

Lösungen

1

a) $27 \cdot 6 = 120 + 42 = 162$

b) $9 \cdot 36 = 270 + 54 = 324$

c) $5 \cdot 71 = 350 + 5 = 355$

d) $3 \cdot 92 = 270 + 6 = 276$

e) $4 \cdot 68 = 240 + 32 = 272$

f) $7 \cdot 48 = 280 + 56 = 336$

g) $84 \cdot 3 = 240 + 12 = 252$

h) $37 \cdot 9 = 270 + 63 = 333$

Lösungswort: SUPERGUT

Dividieren mit Zehner- und Hunderterzahlen

1 Finde die kleine Aufgabe und rechne aus.

a) 350 : 7 = ______

35 : 7 = ______

b) 450 : 5 = ______

______ : ______ = ______

c) 160 : 4 = ______

______ : ______ = ______

d) 320 : 8 = ______

______ : ______ = ______

e) 420 : 6 = ______

______ : ______ = ______

f) 400 : 10 = ______

______ : ______ = ______

Lösungen

1

a) 350 : 7 = 50
35 : 7 = 5

b) 450 : 50 = 90
45 : 5 = 9

c) 160 : 4 = 40
16 : 4 = 4

d) 320 : 8 = 40
32 : 8 = 4

e) 420 : 6 = 70
42 : 6 = 7

f) 400 : 10 = 40
40 : 10 = 4

Halbschriftlich dividieren

1 Dividiere halbschriftlich.

a)

2	0	4	:	3	=
1	8	0	:	3	=
	2	4	:	3	=
2	0	4	:	3	=

b)

4	3	4	:	7	=
			:	7	=
			:	7	=
4	3	4	:	7	=

c)

1	9	0	:	5	=
			:	5	=
			:	5	=
1	9	0	:	5	=

d)

4	4	8	:	8	=
			:	8	=
			:	8	=
4	4	8	:	8	=

e)

1	3	8	:	6	=
			:	6	=
			:	6	=
1	3	8	:	6	=

f)

3	6	9	:	9	=
			:	9	=
			:	9	=
3	6	9	:	9	=

Lösungen

1

a)

204 : 3 =
180 : 3 = 60
24 : 3 = 8
204 : 3 = 68

b)

434 : 7 =
420 : 7 = 60
14 : 7 = 2
434 : 7 = 62

c)

190 : 5 =
150 : 5 = 30
40 : 5 = 8
190 : 5 = 38

d)

448 : 8 =
400 : 8 = 50
48 : 8 = 6
448 : 8 = 56

e)

138 : 6 =
120 : 6 = 20
18 : 6 = 3
138 : 6 = 23

f)

369 : 9 =
360 : 9 = 40
9 : 9 = 1
369 : 9 = 41

Halbschriftlich dividieren

1 Lies den Text. Rechne halbschriftlich und finde die Antwort.

Lars möchte mit seinem Rennrad 658 km in 7 Tagen schaffen.

F: Wie viele Kilometer muss er im Durchschnitt pro Tag fahren?

R:

A:

Lösungen

1 **R:**

6	5	8	km	:	7	=			
6	3	0	km	:	7	=	9	0	km
	2	8	km	:	7	=		4	km
6	5	8	km	:	7	=	9	4	km

A: Lars muss im Durchschnitt 94 km pro Tag fahren.

Zahlenrätsel

1 Finde die gesuchten Zahlen.

Wenn ich zu meiner Zahl 354 addiere, erhalte ich das Doppelte von 420.

Nicos Zahl heißt:

Wenn ich meine Zahl mit 7 multipliziere und 51 addiere, erhalte ich den zehnten Teil von 1 000.

Lenis Zahl heißt:

Lösungen

1

$\_\_\_ + 354 = 420 \cdot 2$

$420 \cdot 2 = 840$

$840 - 354 = 486$

Nicos Zahl heißt: **486**

$\_\_\_ \cdot 7 + 51 = 1000 : 10$

$1\,000 : 10 = 100$

$100 - 51 = 49$

$49 : 7 = 7$

Lenis Zahl heißt: **7**

Gemischte Aufgaben

1 Löse die Aufgaben in der Gespensterburg.

Lösungen

1

4 · 30 = **120**
7 · 90 = **630**
60 · 4 = **240**
= 360
9 · **40**
60 · **6**
90 · 4
500 – **140**
= 7
490 : **70**
600 – **593**
560 : 80
276 – 269
607
+ 293
1 1
900
382
+ 509
1
891

Rechnen mit Geld

1 Lies den Text genau durch und rechne aus.

Lina hat mit ihren 5 Freundinnen zusammen 53,40 €
auf dem Flohmarkt verdient.
Davon kauft sich jedes Kind ein Eis für 90 ct.
Den Rest teilen sie gerecht auf.

F: Wie viel Geld bekommt jedes Kind?

R:

A:

Lösungen

1 **R:** 6 · 90 ct = 540 ct

540 ct = 5,40 €

53,40 € − 5,40 € = 48,00 €

48 € : 6 = 8 €

A: Jedes Kind bekommt 8 €.

Rechnen mit Zeit

1 Immer zwei Uhrzeiten gehören zu einer Uhr. Verbinde.

11.30 Uhr | 22.50 Uhr | 14.25 Uhr

10 vor 11 | 2.25 Uhr | halb 12

!
1 min = 60 s
1 h = 60 min

2 Rechne um.

a)

70 s = ____ min ____ s

124 s = ____ min ____ s

136 min = ____ h ____ min

b)

1 min 40 s = ____ s

2 h 17 min = ____ min

5 h 10 min = ____ min

Lösungen

1

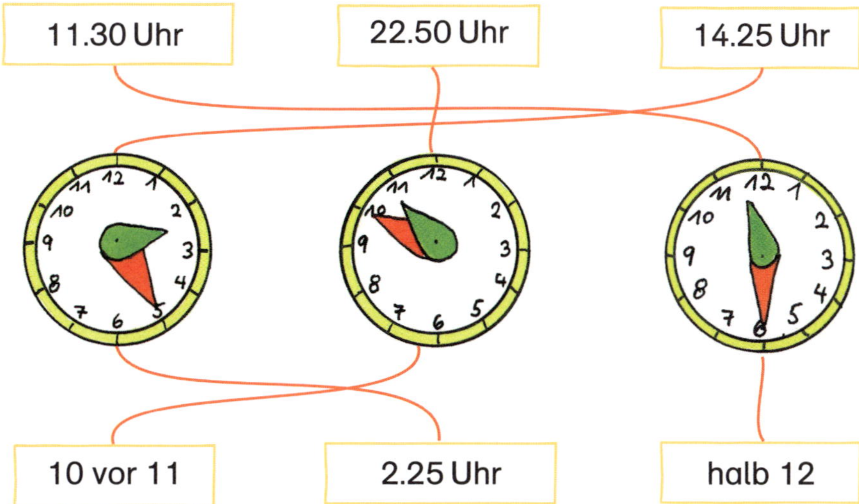

2

a)	b)
70 s = 1 min 10 s	1 min 40 s = 100 s
124 s = 2 min 4 s	2 h 17 min = 137 min
136 min = 2 h 16 min	5 h 10 min = 310 min

Rechnen mit Zeit

1 Wie viel Zeit ist vergangen? Zeichne die Zeiger ein und rechne aus.

a) 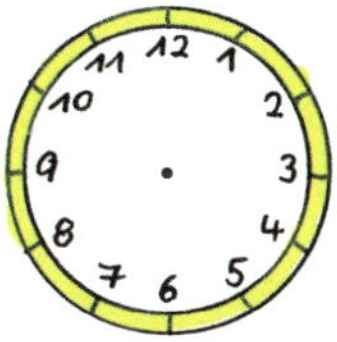 ____ min → 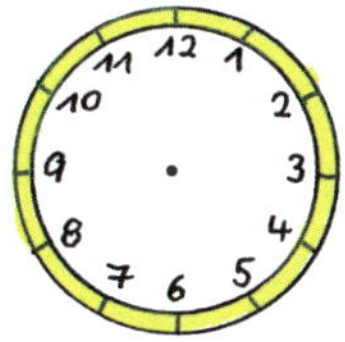

6.30 Uhr — 7.05 Uhr

b) 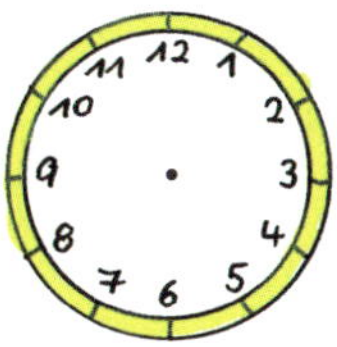 ____ h ____ min → 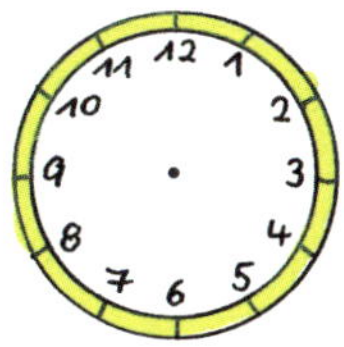

9.55 Uhr — 11.10 Uhr

c) 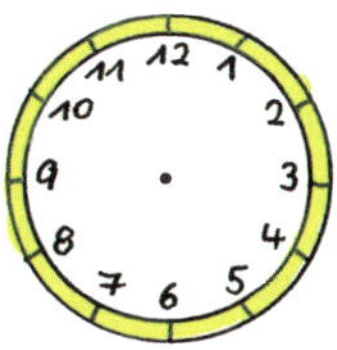 ____ min → 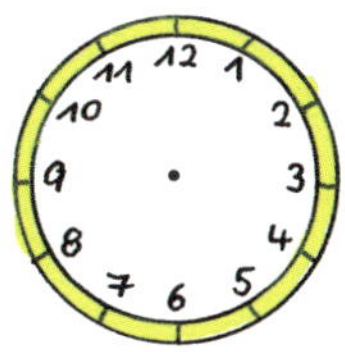

4.10 Uhr — 5.00 Uhr

d) 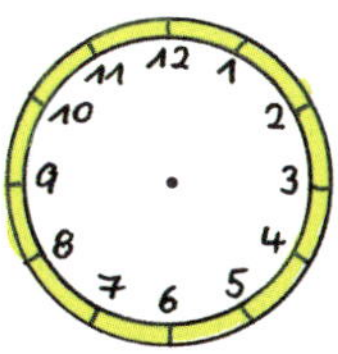 ____ h ____ min → 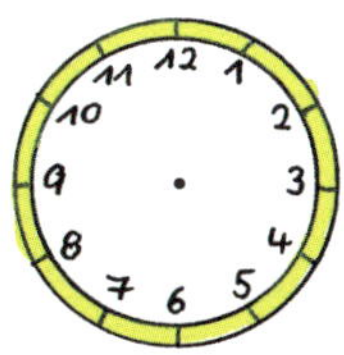

1.10 Uhr — 3.55 Uhr

Lösungen

1 a)

6.30 Uhr

35 min →

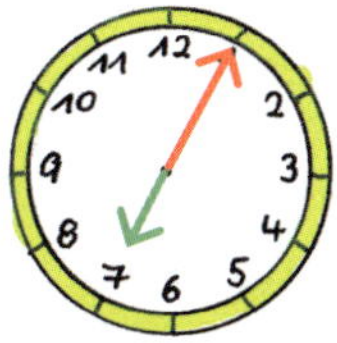

7.05 Uhr

b)

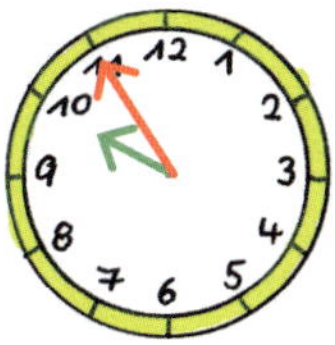

9.55 Uhr

1 h 15 min →

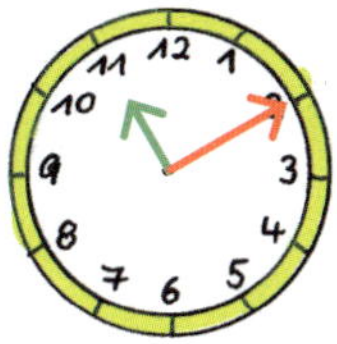

11.10 Uhr

c)

4.10 Uhr

50 min →

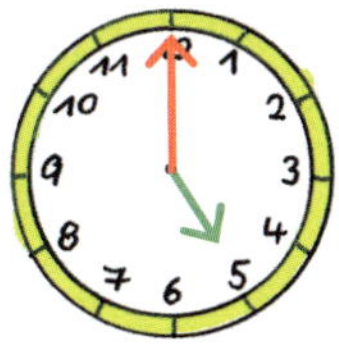

5.00 Uhr

d)

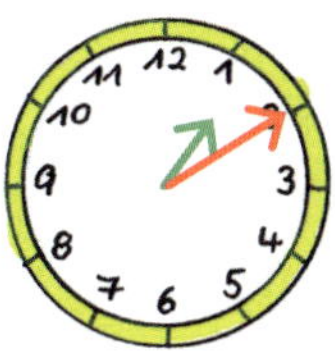

1.10 Uhr

2 h 45 min →

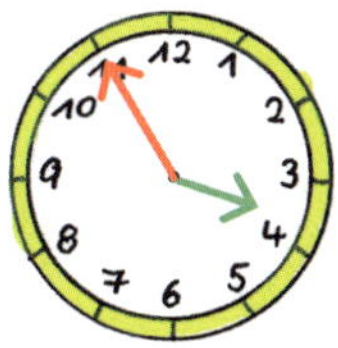

3.55 Uhr

Rechnen mit Zeit

1 Rechne aus, wann die Urlauber ankommen.

a)

16.54 Uhr → + h → Uhr → + min → Uhr

4 h 12 min

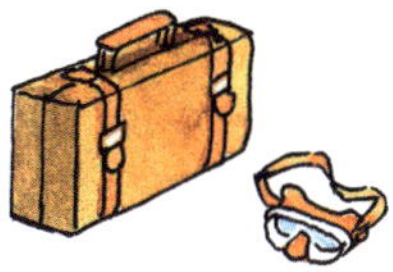

b)

8.35 Uhr → + h → Uhr → + min → Uhr

12 h 46 min

Lösungen

1

a)

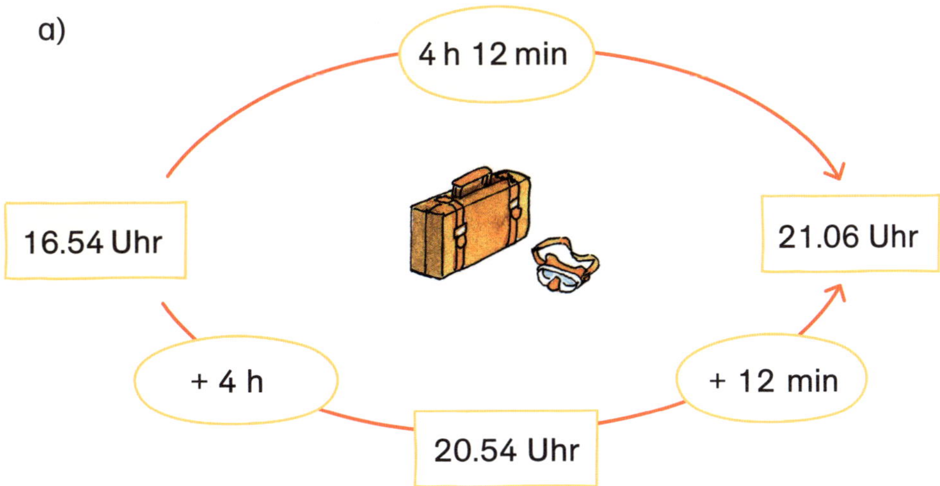

b)

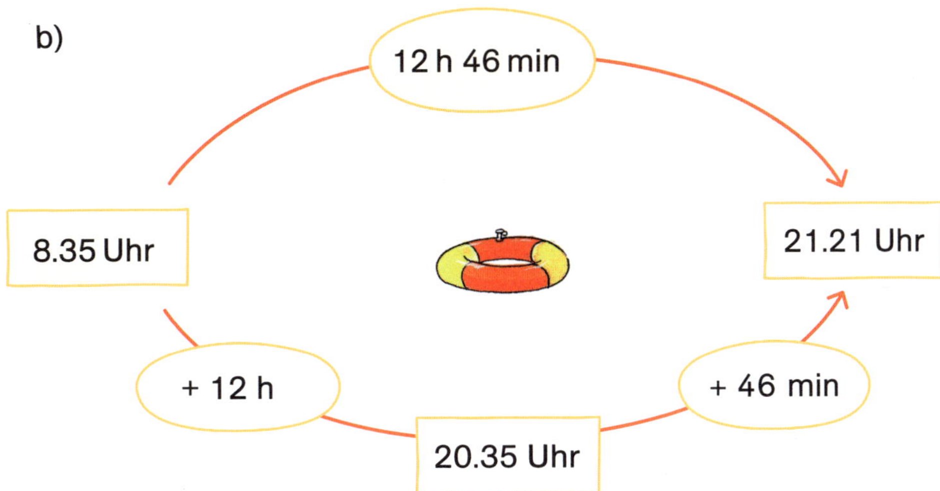